诗意星空

画布上的天文学

罗方扬 著

南京大学出版社

图书在版编目（CIP）数据

　　诗意星空：画布上的天文学 / 罗方扬著 . -- 南京：
南京大学出版社 , 2021.4
　　ISBN 978-7-305-24224-3

　　Ⅰ . ①诗… Ⅱ . ①罗… Ⅲ . ①天文学－普及读物
Ⅳ . ① P1-49

　　中国版本图书馆 CIP 数据核字 (2021) 第 025493 号

出版发行　南京大学出版社
社　　址　南京市汉口路 22 号　　　　　邮　编　210093
出 版 人　金鑫荣
书　　名　诗意星空——画布上的天文学
著　　者　罗方扬
责任编辑　吴　汀　　　编辑热线　025-83595840
照　　排　南京开卷文化传媒有限公司
印　　刷　苏州工业园区美柯乐制版印务有限责任公司
开　　本　889×1194　1/16　印张 8　字数 163 千
版　　次　2021 年 4 月第 1 版　2021 年 4 月第 1 次印刷
ISBN　978-7-305-24224-3
定　　价　88.00 元

网　　址：http://www.njupco.com
官方微博：http://weibo.com/njupco
微信服务号：njuyuexue
销售咨询热线：（025）83594756

罗方扬

中国天文学会会员、江苏省科普作家协会会员。

他创作的"诗意星空"系列天文油画连载于《中国国家天文》杂志。画作《寄声月姊》《静影沉璧》分别获 2017、2019 年由无国界天文学家组织（Astronomer Without Border）主办的世界星空美术大赛一、二等奖。画作《暗香浮动》获中国数字科技馆主办的 2019 全国中秋月色绘画大赛三等奖。"诗意星空"画展为紫金山天文台常设科普油画展。

他一直致力于天文学普及教育工作，长期担任中小学天文科普辅导员。自 2009 年开始创作天文科普油画系列，至今仍在持续创作。

科学与艺术的重逢

李政道

二〇一一、三、十

罗方扬先生，

　　同意你使用2011年我为中科院天文台主办的杂志"中国国家天文"题词。

　　祝你在科学与艺术融合的道路上取得更大成就。

李政道

二O二O年七月一日

FOREWORD
序言

　　"诗意星空"油画展，是紫金山天文台的常设展览，油画原作放在天文台山上，一直受到观众的好评。现在把这些油画集册出版，这是一件大好事。

　　这些油画最大的特点就是结合了天文和科技，融合了中国古典诗词文章，再加上油画艳丽的色彩语言，让人感到耳目一新。这些画不仅承载了优秀的中国传统文化、有着中国的文化自信，也反映了很多的天文元素。我甚至在画中看到了目前天文学研究最前沿的一些课题，比如暗物质探测卫星"悟空"号、双中子星合并产生的引力波事件、中国南极巡天望远镜，以及未来要发射的伽马射线暴探测卫星等。这些都让我非常欣喜，因为国内几乎很少有人搞这方面的绘画创作，除了美术功底外，创作者本身还需要具备一定的科学素质。

　　我记得法国作家福楼拜曾经说过这样的话："越往前走，艺术越要科学化，同时科学也要艺术化。科学与艺术就像不同方向攀登同一座山峰的两个人，在山麓下分手，必将在山顶重逢，共同奔向人类向往的最崇高理想境界——真与美。"

那么我想这本画册作者正是充分理解了这句话的含义，他真正把科学艺术化，也把艺术科学化。科学不一定都是冷冰冰的公式和定理，让人敬而远之，科学也可以用文艺的形式展现。而观众在欣赏美丽画面的同时，通过画面解说，也可以感受到科学的魅力。

作者罗方扬先生是一位来自太仓的天文爱好者，他也在太仓从事中小学天文科普的工作。除了举办天文观测活动、天文讲座外，还带学生来参观过紫金山天文台。这也是一件天文科普教育从小抓起的好事。他现在所从事的天文绘画和天文科普教育都是非常有意义的，对于培养中小学生的科学素养和文艺素养都有着积极的作用，这一切都值得肯定和推广。

是为序。

常进

中国科学院院士、中国科学院国家天文台台长

PREFACE
前言

　　这本书中所有油画的创作灵感，来自对天文、文学、艺术的深刻思考。天文是什么？是人类对宇宙时空的探究、对自然奥秘的揭示，是追求世界之"真"。文学是什么？是人类对精神情感的抒发、对生灵万物的关怀，是追求世界之"善"。艺术是什么？是人类用自己的感官欣赏，用情感创作其内心，是追求世界之"美"。

　　天文与文学和艺术的结合又是什么？属于自然科学的天文学，并非人们印象中那样枯燥高深，除却神秘的面纱，天文如此生动、如此可人，她可以是文学，也可以是艺术，这完全取决于你内心的感悟和你看待她的视角。这三者的结合生动地展现了天文学所蕴含的"真、善、美"，体现了科学精神和人文情怀的密不可分。

　　本书由两大部分组成：诗意星空系列和二十四节气系列。

　　诗意星空系列包含 45 幅油画，以中国古典诗词中的天文元素为题材，用中国画式的写意与西方油画式的色彩层次，表现星空、科技、山水、人物、古典建筑、历史故事，同时融会了东西方星空文化。在星空的呈现上，既有中国古代星官体系的三垣四象二十八宿，又有西方星座体系的四季星空。笔下谱星成诗、染叶绘风，画中星河月海、文豪英雄。生动呈现了星空和科技、历史和诗意的结合。

习近平总书记多次谈到要弘扬中国传统文化，表达了对传统文化、传统思想价值体系的认同与尊崇。正如习近平总书记所说："站立在960万平方公里的广袤土地上，吸吮着中华民族漫长奋斗积累的文化养分，拥有13亿中国人民聚合的磅礴之力，我们走自己的路，具有无比广阔的舞台，具有无比深厚的历史底蕴，具有无比强大的前进定力。中国人民应该有这个信心，每一个中国人都应该有这个信心。"

全世界人民拥有同一片星空，绘画又是全世界人民都喜闻乐见的一种文化艺术手段。文以化人、文以载道，让中国传统文化走出国门，让文化艺术自己说话，使其成为世界各国人民和平交流沟通的使者。在展现中国传统文化的同时，更重要的是呈现中国传统的家国天下、和平发展、和平崛起的理念。

二十四节气系列共有24幅油画。二十四节气是中华民族悠久历史文化的重要组成部分，凝聚着中华文明的历史文化精华。人们或许要问，二十四节气和天文星座有什么关系？二十四节气，是干支历中表示自然节律变化以及确立"十二月建"的特定节令。它最初是以北斗七星斗柄旋转指向确定的。北斗七星斗柄依次指向东、南、西、北旋转一圈，为一周期，谓之一"岁"（摄提），每一旋转周期始于立春、终于大寒。

我们地球绕太阳公转的轨道是个椭圆，投影在天球叫黄道。把黄道划为24等分，每15°为1等分，每1等分就是一个节气。因为地球绕日公转周期与公历一年的天数有微小差异，所以节气的公历日期并不固定，会相差一两天。因此从本质上说，二十四节气是个天文概念。

二十四节气是中国古代农耕文明的产物。中国自古是农业社会，农耕生产与大自然的节律息息相关。二十四节气是中国上古先民顺应农时，通过观察天体运行，总结一岁（年）中时令、气候、物候等方面变化规律所形成的知识体系。它不但在农业生产方面起着指导作用，还影响着人们的衣食住行，甚至是文化观念。

经历史发展，农历吸收了干支历的节气成分作为历法补充，并通过"置闰法"调整使其符合回归年，形成阴阳合历，二十四节气也就成为农历的一个重要部分。在国际气象界，二十四节气被誉为"中国的第五大发明"。2016年11月30日，二十四节气被正式列入联合国教科文组织《人类非物质文化遗产代表作名录》。

　　书中的油画采用中国传统山水、花鸟、人物，结合天文星空科技和历史文化为题材精心绘制。虽然画种是西方油画，但结合了国画手法，有着浓郁的中国特色。

　　"诗意星空"油画在《中国国家天文》杂志连载 26 期。画作《寄声月姊》和《静影沉璧》分别获得 2017、2019 年世界星空美术大赛一、二等奖；画作《暗香浮动》获中国数字科技馆 2019 中秋月色绘画大赛三等奖；"二十四节气"油画在 2020 年 5 月入选《学习强国》。目前"诗意星空"油画作品在南京紫金山天文台集中展出。

罗方扬

2021 年 2 月 11 日

CONTENTS
目录

第二部分 二十四节气

POETIC
STARRY SKY

诗意
星空

以中国古典诗词中的天文元素为题材，用中国画式的写意与西方油画式的色彩层次，表现星空、科技、山水、人物、古典建筑、历史故事，同时融会东西方星空文化。在星空的呈现上，既有中国古代星官体系的三垣四象二十八宿，又有西方星座体系的四季星空。笔下谱星成诗、染叶绘风，画中星河月海、文豪英雄。生动呈现了星空和科技、历史和诗意的结合。

三垣、四象、二十八星宿

　　三垣、四象、二十八星宿是中国古代对星空位置的划分方法，用来说明日、月、五星运行所到的位置，类似在地图上划分各个区域。

　　三垣是紫微垣、太微垣、天市垣。四象指苍龙、朱雀、白虎、玄武，分别代表东南西北四个方向。四象分布于黄道和白道近旁，环天一周。每象各分七段，称为"宿"，总共为二十八宿，每宿包含若干颗恒星。

　　东方苍龙：角、亢、氐、房、心、尾、箕；

　　南方朱雀：井、鬼、柳、星、张、翼、轸；

　　西方白虎：奎、娄、胃、昴、毕、觜、参；

　　北方玄武：斗、牛、女、虚、危、室、壁。

　　中国古代把金、木、水、火、土这五颗星再加上日、月，称为"七曜"，把七曜配上七宿，再加上一种动物，就形成了如下二十八宿的全称：

　　东方苍龙七宿：角木蛟、亢金龙、氐土貉、房日兔、心月狐、尾火虎、箕水豹；

　　南方朱雀七宿：井木犴、鬼金羊、柳土獐、星日马、张月鹿、翼火蛇、轸水蚓；

　　西方白虎七宿：奎木狼、娄金狗、胃土雉、昴日鸡、毕月乌、觜火猴、参水猿；

　　北方玄武七宿：斗木獬、牛金牛、女土蝠、虚日鼠、危月燕、室火猪、壁水貐。

　　由于中国古代有天人感应的思想，三垣四象二十八星宿作为中国古代传统文化中的重要组成部分之一，出现在天文、政治、军事、文学以及星占、风水、堪舆等术数中，互相影响，相关内容非常庞杂，几乎覆盖了人们生活的一切领域。在很多古典小说、文章诗词中经常会提到二十八宿，比如《西游记》中就多次出现。

　　从全球范围来说，古巴比伦和古希腊的人们，也有他们对星空的划分方法。虽然各个民族和国家都有自己的划分方法，但若是不统一，对天文学研究会产生很大麻烦。1922年国际天文学联合会在意大利罗马举行第一届大会，会议通过了全天88个星座的名单。所以现在国际天文界将整个天空统一划分为88个星座。

东方苍龙

绘画尺寸 160×90 厘米

　　这是传统中国星官四象中的东方苍龙，从右至左依次为：角、亢、氐、房、心、尾、箕七宿。对应牧夫、室女、天秤、天蝎、人马等星座的部分区域。龙角一亮星，就是牧夫座大角星。民间俗称的"二月二龙抬头"，就是指农历二月的晚上，东方苍龙之大角星升上东方地平线，代表着春天已至。

南方朱雀

绘画尺寸 160×90 厘米

　　这是传统中国星官四象中的南方朱雀，从右至左依次为：井、鬼、柳、星、张、翼、轸七宿。对应双子、巨蟹、狮子、长蛇、巨爵、乌鸦等星座的部分区域。

　　王勃的《滕王阁序》里有"星分翼轸，地接衡庐"之句，其中的"翼轸"就是南方朱雀中的二宿。

西方白虎
绘画尺寸 160×90 厘米

　　这是传统中国星官四象中的西方白虎，从右至左依次为：奎、娄、胃、昂、毕、觜、参七宿。对应仙女、双鱼、白羊、金牛、猎户等星座的部分区域。

　　杜甫诗中的"人生不相见，动如参与商"，指的就是猎户座中的"参星"（属于参宿）和天蝎座中的"商星"（心宿二），分别出现在冬季和夏季夜空，此升彼落，遥遥相对，不会同时出现在天空，这点很早就被中国人发现。

北方玄武

绘画尺寸 160×90 厘米

　　这是传统中国星官四象中的北方玄武，从右至左依次为：斗、牛、女、虚、危、室、壁七宿。对应人马、摩羯、宝瓶、飞马等星座的部分区域。

　　《滕王阁序》里有"物华天宝，龙光射牛斗之墟；人杰地灵，徐孺下陈蕃之榻"之句，其中的"牛斗"指的就是北方玄武的牛宿和斗宿。

暗香浮动

绘画尺寸 160×80 厘米

"疏影横斜水清浅，暗香浮动月黄昏"历来被认为是描摹梅花最精彩的两句诗。此画表现新月和梅花相映、流星和星辰同辉的奇景。

新月是反 C 形，出现在日落时分的西方；而残月是 C 形，出现在黎明时候的东方。

此画获得中国数字科技馆主办的"2019 中秋月色绘画摄影大赛"三等奖。

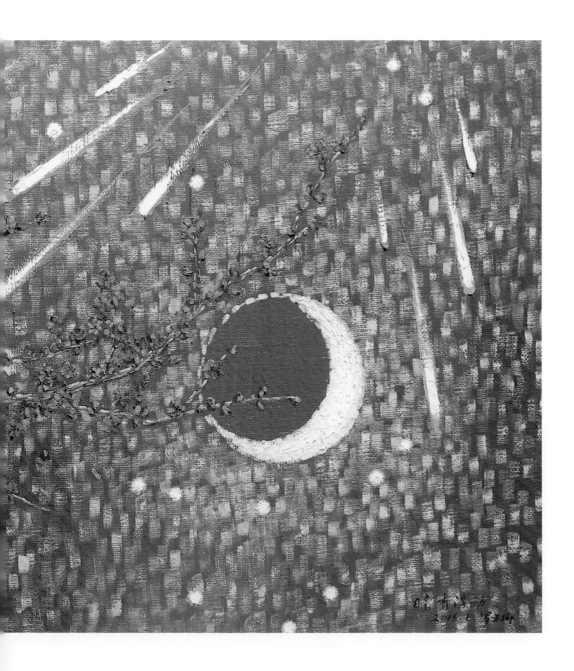

赤壁赋

绘画尺寸 120×40 厘米

　　取材于苏东坡的《赤壁赋》，这是一篇千古传诵的散文，描述了月明之夜，苏东坡和朋友们泛舟长江所见到的景色。赋中有这样几句："少焉，月出于东山之上，徘徊于斗牛之间。白露横江，水光接天。纵一苇之所如，凌万顷之茫然。"

　　在中国传统的星图中，斗是斗宿，大致是现在的人马座南斗六星，牛是牛宿，大致是现在的摩羯座。此画构图模仿金代武元直《赤壁赋》，画面中显示了南斗六星和牛宿六星，而月亮正处在两者之间，符合赋中"徘徊于斗牛之间"的描述。

　　从右到左依次是斗、牛、女、虚、危五个星宿。

　　按《赤壁赋》所说，苏东坡是农历七月十五泛舟长江的，但是根据实际天文学研究，月亮此时是不会在斗牛之间的。估计是苏东坡喝醉酒，记错了日子，或是看花眼了，这里就不深究了。

春江花月夜

绘画尺寸 360×150 厘米

"春江潮水连海平，海上明月共潮生。"《春江花月夜》是唐代张若虚所作，词语清新，脍炙人口，是流传千古的绝唱，有着"孤篇盖全唐"之誉。

此画表现春日桃花盛开、花林似霰、游人趁月出游的景象，月亮左侧东北方向可见东升的狮子座和斗柄东指的北斗七星，右侧西南方向可见西沉的冬季大三角（小犬座的南河三、大犬座的天狼星和橙红色的猎户座 α——参宿四）。

狮子座是春夜的代表星座，狮子座的轩辕十四和五帝座一，都是春季星空里的璀璨亮星。轩辕十四（狮子座 α），名称取自轩辕黄帝，亮度属于一等星，由于它位于黄道上，所以自古以来一直为人们所重视，不论中外，都把它看作"帝王之星"。五帝座一（狮子座 β）被中国古人认为是帝王宝座，故此得名。

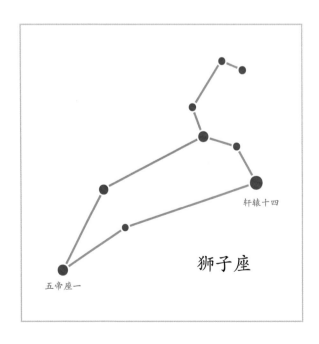

轩辕十四

五帝座一

狮子座

黄道星座

　　黄道是地球绕太阳公转的轨道在天球上的投影。古巴比伦人把黄道上的天区分为十二段，每一段就是一个星座。大概在隋唐时期，黄道十二星座的概念也传入中国，逐步为中国人所接受。这十二个星座分别是：白羊座、金牛座、双子座、巨蟹座、狮子座、室女座（处女座）、天秤座、天蝎座、人马座（射手座）、摩羯座、宝瓶座（水瓶座）、双鱼座。

　　在西方的占星学中，按照人们出生时太阳在黄道上所在的位置将人归于不同星座。比如生于6月21日至7月22日的是巨蟹座，7月23日到8月22日的是狮子座，等等。然后根据不同的星座来判断每个人的性格和人际相合程度。其实这种说法是不科学的，黄道星座中的恒星距离地球如此遥远，它们并不能决定人的性格。

　　事实上，黄道上除了这十二个星座外，还有一个蛇夫座。所以严格来说，黄道上共有十三个星座。只不过蛇夫座只有一小部分在黄道上，因此一般人们仍说"黄道十二星座"。

白羊座
3月21日—4月19日

金牛座
4月20日—5月20日

双子座
5月21日—6月20日

巨蟹座
6月21日—7月22日

狮子座
7月23日—8月22日

处女座
8月23日—9月22日

天秤座
9月23日—10月23日

天蝎座
10月24日—11月22日

射手座
11月23日—12月21日

摩羯座
12月22日—1月19日

宝瓶座
1月20日—2月18日

双鱼座
2月19日—3月20日

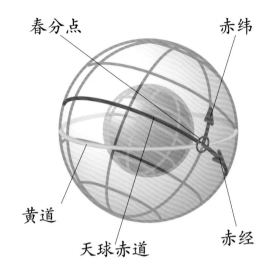

春分点　赤纬

黄道

天球赤道　赤经

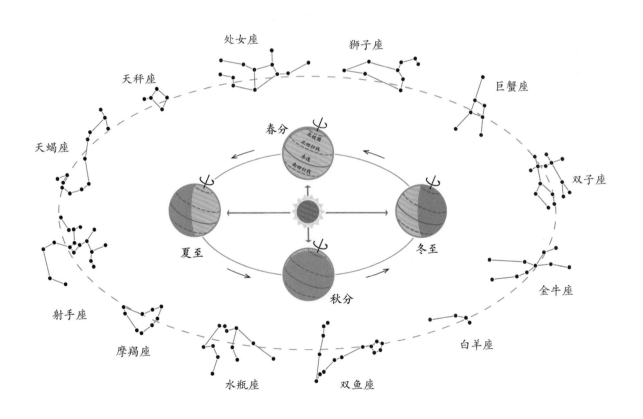

处女座　　狮子座

天秤座　　　　　　　　　　　　巨蟹座

天蝎座

春分

双子座

夏至　　冬至

秋分

金牛座

射手座

白羊座

摩羯座

水瓶座　双鱼座

观沧海

绘画尺寸 160×80 厘米

  取材于曹操的四言诗《观沧海》："东临碣石，以观沧海。水何澹澹，山岛竦峙。树木丛生，百草丰茂。秋风萧瑟，洪波涌起。日月之行，若出其中；星汉灿烂，若出其里。幸甚至哉，歌以咏志。"

  这诗有强烈的时代背景：曹操于官渡之战后，基本统一北方。但袁绍的残余势力又和北方的乌桓相勾结，骚扰边境。为此曹操在公元 207 年北征，大获全胜。回师途中，曹操登上碣石山（在今河北省昌黎县），登高观海赋此诗。

  曹操文武全才，有吞吐宇宙、席卷海内之志。所以在画面中曹操仗剑独立，长袍飘舞，面对浩瀚的沧海。而背景的旋涡星系，正反映了诗中"星汉灿烂，若出其里"的意境。

象鼻山

绘画尺寸 60×80 厘米

　　此画用巨大的旋涡星系作为背景，衬托了夜幕下的象鼻山。象鼻山又名象山，位于中国广西桂林市内桃花江与漓江汇合处，状如饮水的大象。

18

黄河之水天上来

绘画尺寸 240×110 厘米

　　取材于李白《将进酒》中的"君不见黄河之水天上来，奔流到海不复回"。

　　《将进酒》是李白浪漫主义诗词的代表作之一。虽然李白在这首诗里感叹怀才不遇，宣扬及时行乐，但整首诗也意气风发、慷慨激昂，特别是"天生我材必有用"一句，千百年来激励了无数人。

　　画面采用了最能表现黄河特征的壶口瀑布，李白独立山顶，巨大的旋涡星系和银河横贯天空。宇宙苍茫、黄河滔滔，力图表现"黄河之水天上来"这种感觉。

彗星

　　彗星是太阳系内的小天体，结构上分为彗核、彗发、彗尾三部分。彗核由冰冻物质和尘埃等构成，当彗星接近太阳时，里面的冰核物质升华，在冰核周围形成朦胧的彗发和一条或数条稀薄物质流构成的彗尾。由于太阳风的压力，彗尾总是背离太阳的方向。彗尾一般长几千万千米，最长可达几亿千米，所以彗星俗称"扫帚星"。

　　彗星的起源是个未解之谜。天文学家推测在太阳系外围有一个"奥尔特云"，里面充满了冰冷的彗星。由于受到其他恒星引力的影响，奥尔特云里的一部分彗星进入太阳系内部，就形成了绕日长周期彗星。

哈雷彗星

旋涡星系

　　旋涡星系是人类观测到的数量最多、外形最美丽的一类星系。它的形状很像江河中的漩涡，因而得名。从正面看它是螺旋形，从侧面看则呈梭状，这完全是透视的效果。

　　旋涡星系有明显的核球，呈凸透镜形，核球外是一个薄薄的圆盘，有几条旋臂围绕核心。在旋涡星系中有一类的核心附加棒状结构（由亿万恒星组成），旋臂从棒的两端生出，称为棒旋星系。我们所处的银河系就被证实是一个棒旋星系。

一个典型的旋涡星系——风车星系

"彗星扬精光"出自李白诗句："运速天地闭，胡风结飞霜。百草死冬月，六龙颓西荒。太白出东方，彗星扬精光。鸳鸯非越鸟，何为眷南翔。惟昔鹰将犬，今为侯与王。得水成蛟龙，争池夺凤凰。北斗不酌酒，南箕空簸扬。"

画面中从左至右依次出现了北斗七星、南斗六星和南箕四星，三颗彗星更是精光四射，闪耀在山水之间。

彗星和我们地球一样也是围绕太阳公转的天体，它也有公转周期。例如著名的哈雷彗星，它的公转周期约为 76 年。彗星的组成主要是冰冻的物质，当它靠近太阳的时候，因为太阳的光热挥发，形成长长的彗尾。

有趣的是，天文现象也可用作历史考证的旁证。《旧唐书》载："至德元年十一月壬戌五更，有流星大如斗，流于东北，长数丈，蛇行屈曲，有碎光迸空。"此"流星"或许划过天空时间较长，且速度较慢尾巴较长，李白看到的可能是彗星，故有"彗星扬精光"之句。据此或许可猜测此诗当作于唐肃宗至德二载（公元 756 年）十一月之后。

彗星扬精光

绘画尺寸 160×80 厘米

寄声月姊

绘画尺寸 380×150 厘米

取自张孝祥《水调歌头·金山观月》：

"江山自雄丽，风露与高寒。寄声月姊，借我玉鉴此中看。幽壑鱼龙悲啸，倒影星辰摇动，海气夜漫漫。涌起白银阙，危驻紫金山。

表独立，飞霞佩，切云冠。漱冰濯雪，眇视万里一毫端。回首三山何处，闻道群仙笑我，要我欲俱还。挥手从此去，翳凤更骖鸾。"

张孝祥，南宋爱国词人，风格宏伟豪放，为"豪放派"代表作家之一。此词是张孝祥站在江边，纵览月色星辰美景时所作，有飘飘出世之意。

图中出现数个旋涡星系，相互缠连，可以看作星系之间的吸引和碰撞。根据现代天文学观测，星系之间因为引力会互相吸引，也会发生碰撞。比如我们所处的银河系，在数十亿年之后会和两百多万光年之远的仙女座大星系碰撞，届时两个星系将会合并为一个新的星系。

此画获得 2017 年世界星空美术大赛一等奖，举办方为无国界天文学家组织（Astronomer Without Border）。

七月流火

绘画尺寸 160×90 厘米

"七月流火"出自《诗经·豳风·七月》："七月流火，九月授衣。"这里"火"指的是天蝎座大火星，原本意思是农历七月底大火星已经偏向西方，秋天就要来了。但后世有的人误解为七月天气非常热，像火烧一样，这个解释不是诗经的本意（《现代汉语词典》第七版中已包含"形容天气炎热"的解释）。

画面采用了中国山水构图，波光粼粼，天蝎座横贯整个天空，而大火星红色光芒四射，无疑是天空中最亮的光点。

大火星又名"心宿二"，是一颗红超巨星，也是全天排名第 15 的亮星。它的直径是太阳的 600 倍（太阳直径约 140 万公里），距离地球约 550 光年。

红巨星属于恒星的晚年时期。由于氢核聚变生成氦，一颗和太阳质量差不多的恒星将在漫长的时间里用尽它核心的氢元素。当氢元素耗尽后，聚变进一步发展为氦聚变形成碳。这个时候恒星会急剧膨胀，外部温度降低，发出的光也偏红，从而形成红巨星。我们的太阳约在 50 亿年后也会变成红巨星，届时太阳将变得硕大无比，会把水星吞噬进去。比太阳大很多倍的恒星，则会因为膨胀得更大，远远超过普通的红巨星，而成为红超巨星。

秋声赋

绘画尺寸 80×60 厘米

　　《秋声赋》为北宋欧阳修所作，全文立意新颖，语言清丽，章法多变。图中明月在天，月亮左侧可见秋天的星空标志——飞马座四边形。

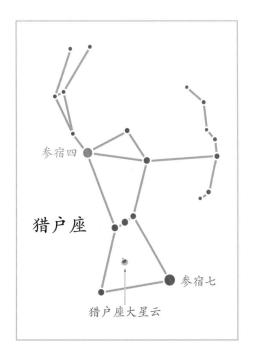

参宿四

猎户座

猎户座大星云

参宿七

三星在户

绘画尺寸 160×90 厘米

　　"三星"是指猎户座腰带的三颗星，在我国民间也被称作"福禄寿三星"。"三星在户"出自《诗经·唐风·绸缪》："绸缪束薪，三星在天。""绸缪束刍，三星在隅。""绸缪束楚，三星在户。"

　　束薪是砍柴的意思，束刍是喂饲料的意思，束楚是捆扎柴火的意思。诗里生动地描述了天体的运动。由于地球由西向东自转，日月星辰是东升西落的。在主人公砍柴、整理饲料喂牲口、收拾柴火的劳动时间里，看到了三星的位置变化。

　　由于深秋初冬是观看猎户座的良机，所以画面展现了深秋的景色。

静影沉璧

绘画尺寸 160×110 厘米

取自范仲淹《岳阳楼记》中的："而或长烟一空，皓月千里，浮光跃金，静影沉璧。"此画表现春日星空下的岳阳楼景色，天空中有狮子座、长蛇座等，都是春日星空的代表星座。

《岳阳楼记》是传诵千载的名篇，其中名句"先天下之忧而忧，后天下之乐而乐"，体现作者把国家民族利益放在首位、为天下人民谋福祉的伟大胸襟。古往今来，这两句激励了无数仁人志士。这正是我们无比深厚的历史底蕴和文化自信的重要源泉。但很有趣的是范仲淹本人并未去过岳阳楼，他是根据朋友来信请求而作的，算是"命题作文"了。

此画获得 2019 年世界星空美术大赛二等奖，举办方为无国界天文学家组织（Astronomer Without Border）。

君子之过

绘画尺寸 160 × 100 厘米

　　孔子有个非常有名的学生叫子贡，子贡说过这样的话："君子之过也，如日月之食焉：过也，人皆见之；更也，人皆仰之。"

　　这句话的意思是：对于一个有地位的君子来说，他如果犯错误，那就像日食、月食一样，大家都看见了；只要他能立即改正，那么大家也都看见了。这就是要时刻提醒人们，知错就改。

　　此图表现日食时的景色。日食是月球运行到地日中间，遮挡太阳而引起的现象。

　　月球遮住太阳的一部分叫日偏食。月球只遮住太阳的中心部分，在太阳周围还露出一圈日面，好像一个光环似的叫日环食。太阳被完全遮住的叫日全食。这三种不同日食的发生跟太阳、月球和地球三者的相对位置有关。

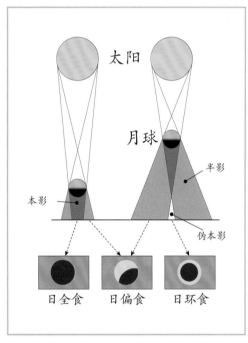

日全食 日偏食 日环食

太阳

月球

半影

本影

伪本影

"俊采星驰"取自《滕王阁序》：

"南昌故郡，洪都新府。星分翼轸，地接衡庐。襟三江而带五湖，控蛮荆而引瓯越。物华天宝，龙光射牛斗之墟；人杰地灵，徐孺下陈蕃之榻。雄州雾列，俊采星驰。"

这是中国历史上最有名的文章之一，其中不乏千载流传、让人感慨万千的名句。"俊采星驰"可以理解为人间的才俊有如天上的繁星。

这篇序的写作过程相当有趣：当时阎伯屿任洪州（今南昌）牧，为了庆祝滕王阁落成，邀请各路贤士聚会写文章纪念。当时王勃正好去交趾（今越南）探望做官的父亲，路过南昌，所以也参加了这次聚会。其实阎伯屿是内定他女婿的文章为第一名的，请各路贤士来共同参加，无非是为了衬托下他女婿的文采。不料半路杀出一匹黑马王勃，为此阎伯屿很不高兴。他愤然离席，躲在屏风后面，让手下人看着王勃写，王勃写一句，手下人就给阎伯屿报一句。开始的两句"南昌故郡，洪都新府"阎伯屿听了只是冷笑，说是老生常谈。但接下来觉得越来越好，当写到"落霞与孤鹜齐飞，秋水共长天一色"时，不觉击节称叹。

画面中滕王阁高耸赣江之旁，天上星空灿烂，地面上文士指点星河，这正是画者心目中的"俊采星驰"。

俊采星驰

绘画尺寸 160×100 厘米

浪淘沙

绘画尺寸 100×80 厘米

　　取自刘禹锡《浪淘沙》："九曲黄河万里沙，浪淘风簸自天涯。如今直上银河去，同到牵牛织女家。"图中一叶扁舟顺流而下，天际银河贯穿星空。

　　按中国古代神话，黄河是联通天上银河的，所以刘禹锡作诗想象驾船直上银河。在画面上出现了夏季大三角：天鹅座中的天津四、天琴座中的织女星、天鹰座里的牛郎星，这三颗亮星组成夏季星空的大三角，这是夏季星空非常引人注目的一个天文标志。

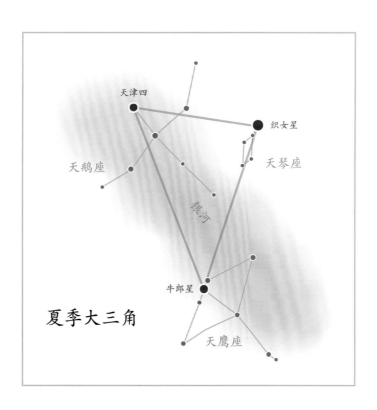

掠日彗星

绘画尺寸 80×60 厘米

掠日彗星，是指近日点非常接近太阳的彗星，其距离可短至离太阳表面仅数千米。有些掠日彗星会在接近太阳时瞬间被完全蒸发。天文学家曾观测到掠日彗星因为太靠近太阳，被太阳瞬间吞噬的场面。

彗星和我们地球一样，也是沿椭圆轨道围绕太阳运转的天体，太阳位于椭圆轨道的一个焦点。我们地球的椭圆轨道非常接近于正圆，而彗星的椭圆轨道非常扁，掠日彗星的轨道就更扁了，所以太过接近太阳而难以避免毁灭的命运。

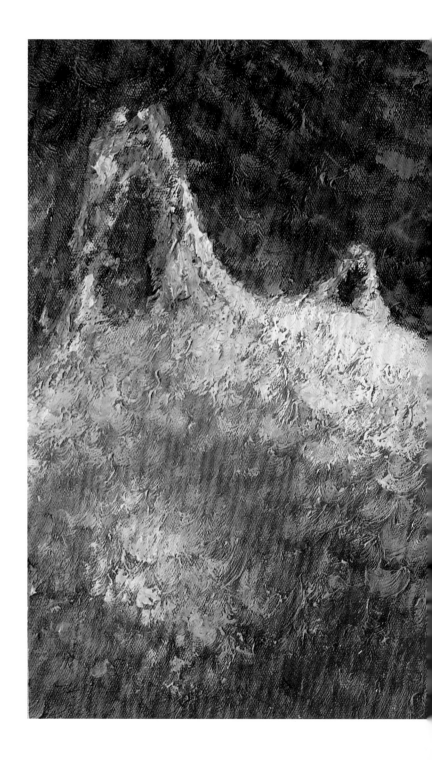

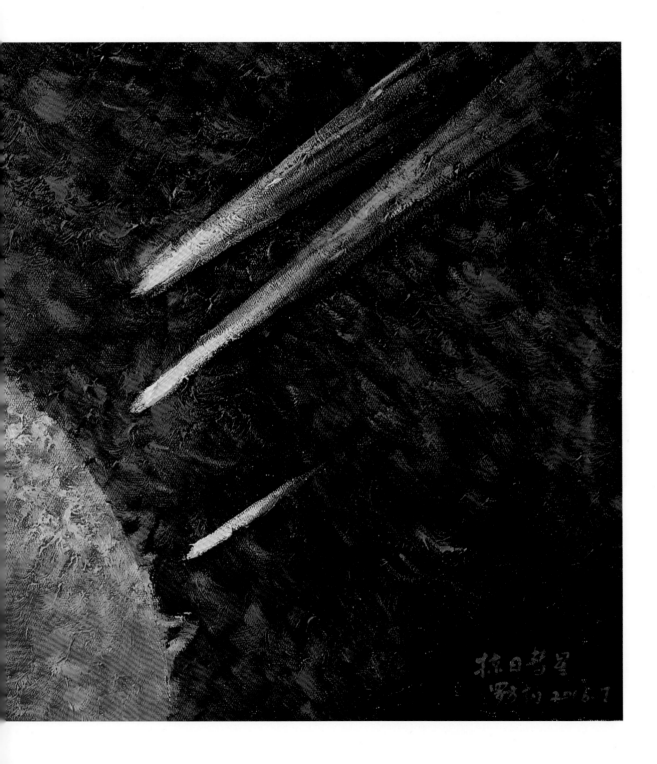

旋涡星系

绘画尺寸 80×60 厘米

旋涡星系是一种外形美丽的星系，它的形状很像水中的漩涡，因此得名。它外形
呈旋涡结构，有明显的核心，有几条旋臂向外伸展出去。因为透视的关系，从我们地
球上看上去，旋涡星系形状各异。此画中的旋涡星系，是完全正对着我们的。

星云

　　星云是一种由气体和尘埃构成的天体。它们的主要成分是氢，其次是氦，还含有一定比例的金属元素和有机分子等物质。大多数星云里的物质密度很低，有些地方几乎是空的，密度只有每立方厘米几个原子，这比地球上能达到的真空密度还要低很多。但是星云的体积十分庞大，可以绵延几十光年。所以，它的质量远比太阳的质量大。

　　根据不同的性质和形态，天文学家把星云分为不同的种类，有发光气体云、发射星云、反射星云、暗星云、弥漫星云、行星状星云等。

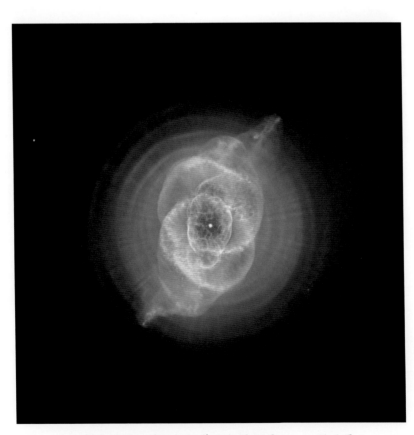

由哈勃空间望远镜拍摄的著名行星状星云——猫眼星云

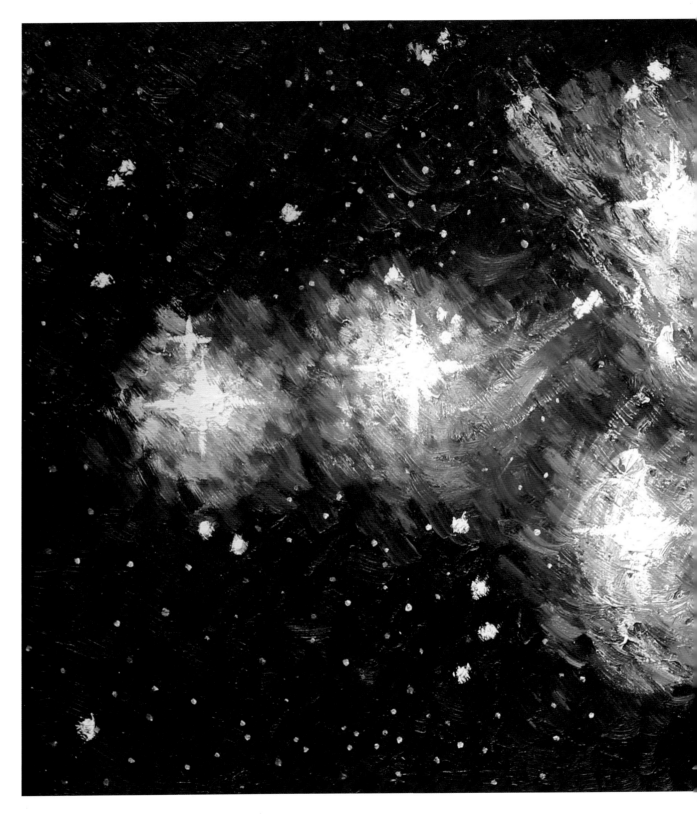

昴星团

绘画尺寸 80×60 厘米

　　如梦如幻般的昴星团在双筒望远镜中，有着巨大的视觉冲击力。

　　昴星团位于金牛座，是距离我们较近（大概420光年）、很明亮的一个疏散星团。在西方，该星团也被称为"七姐妹星团"。视力好的人，很容易看到该星团中的六颗亮星。

玫瑰星云

绘画尺寸 80×60 厘米

要是能给各种千奇百怪的宇宙天体选秀的话，玫瑰星云绝对能艳压群芳。它犹如一朵盛开的玫瑰花，绽放在麒麟座，距离地球约 5200 光年。

星云是宇宙空间绵亘数光年、数十光年的巨大天体，里面的主要物质是氢和尘埃。因为引力的作用，氢会互相聚拢缩成一团。就像滚雪球一样，其质量越大，引力也越大，能吸引更多的氢。最终其内部温度和压力越来越高，最后触发氢聚变，这时候一颗恒星就诞生了。所以像太阳一样的恒星，都是从星云中所诞生的。看来玫瑰星云不但艳压群芳，还"生机勃勃"。

马头星云

绘画尺寸 80×60 厘米

　　和玫瑰星云不同，马头星云是一个暗星云，它主要由尘埃物质和氢组成，被明亮的背景光所衬托而显得黑暗。

　　当然这是一匹谁也无法骑的马，它位于猎户座，距离我们大概 1500 光年。

行星状星云

绘画尺寸 80×60 厘米

　　这是位于宝瓶座犹如眼睛一样的螺旋星云，人称"上帝之眼"。这是一个行星状星云，它最早是被德国的天文学家卡尔·路德维希·哈丁发现的。

　　行星状星云实质上是一些老化的恒星抛出的尘埃和气体壳，直径一般在一光年左右。由质量小于八个太阳质量的恒星在其演化的末期，其核心的氢燃料耗尽后，不断向外抛射的物质构成。最后气体逐渐扩散消失于星际空间，仅留下一个中央白矮星。"行星状星云"这个名称来自其圆盘状的外观。

　　太阳在约五十亿年以后，也会变成一颗红巨星，然后再进一步变为白矮星。

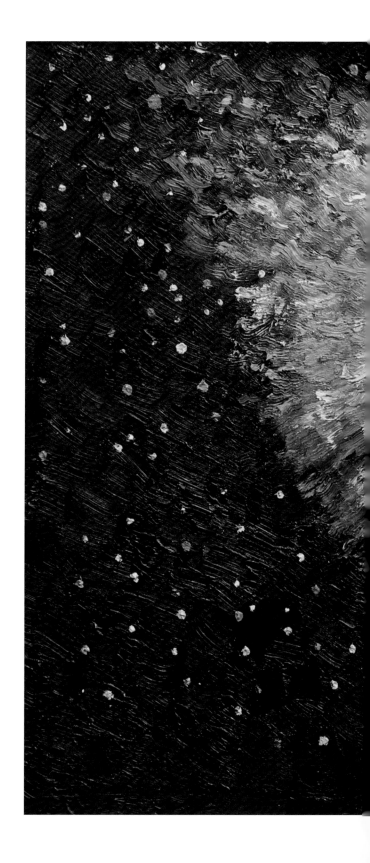

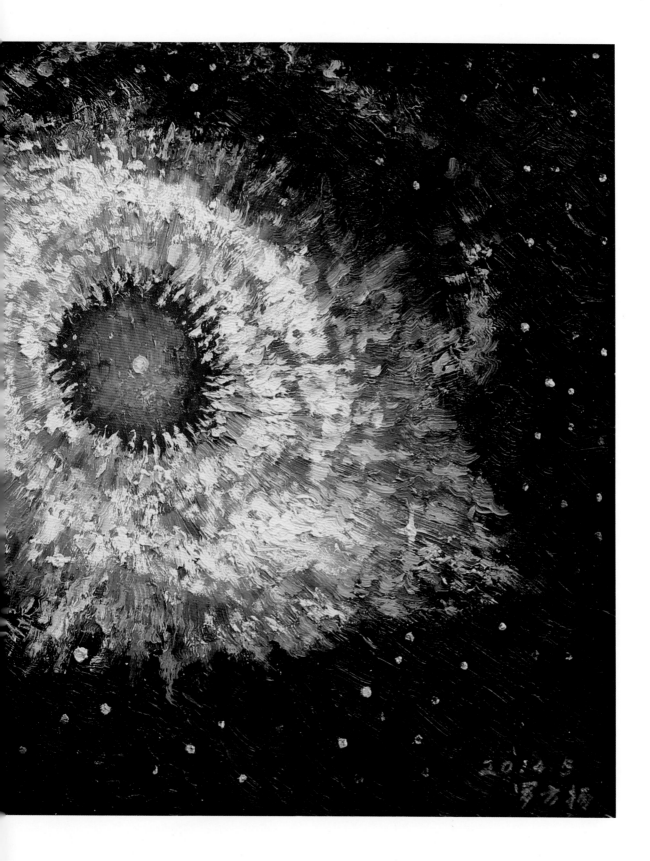

48

鹰状星云

绘画尺寸 80×60 厘米

鹰状星云位于巨蛇座，距离我们大概 6000 光年，里面含有大量的尘埃物质和氢。当然，它和玫瑰星云一样，也是恒星的孵化场。

角楼星空

绘画尺寸 60×80 厘米

　　画面中流星雨划过古典建筑上空的三叶星云。三叶星云也称三裂星云，位于人马座。它表面有几条非常明显的黑条纹，好像是三片发亮的树叶紧密地凑在一起，因此被称作三叶星云。

星云轮回

绘画尺寸 160×80 厘米

画面左侧是玫瑰星云，象征恒星的诞生。右侧是行星状星云，象征恒星的毁灭。

恒星从星云中诞生，毁灭后残余的氢继续组成新的星云，新的恒星又从此产生，故此为星云轮回。

龙吟紫金

绘画尺寸 80×60 厘米

　　该画展现紫金山天文台上空的东方苍龙之象。

　　紫金山天文台蜚声中外，是中国人自己建立的第一个现代天文学研究机构。1934 年 9 月，紫金山天文台建成；1950 年 5 月，成立中国科学院紫金山天文台。紫金山天文台的建成标志着中国现代天文学研究的开始，中国现代天文学的各分支学科和天文台站大多从这里诞生、组建和拓展。因此紫金山天文台被誉为"中国现代天文学的摇篮"。

　　东方苍龙对应牧夫、室女、天秤、天蝎、人马等星座的部分区域。龙角上的亮星，就是牧夫座大角星。

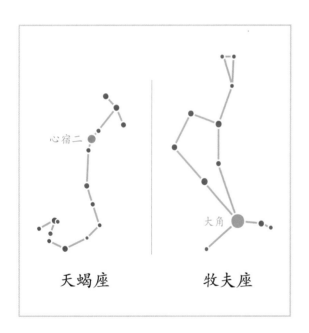

天蝎座　　　　牧夫座

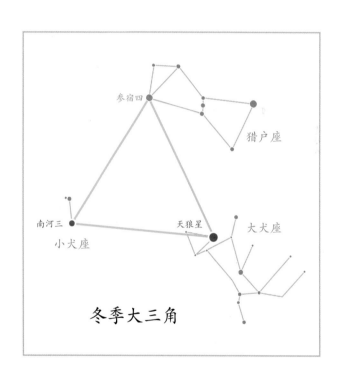

参宿四

猎户座

南河三   天狼星   大犬座

小犬座

冬季大三角

南园初雪

绘画尺寸 60×80 厘米

　　南园位于江苏太仓，是典型的明代园林。此图中前景
红梅盛开，冬雪初霁，天上可见冬季大三角。

同一片星空

绘画尺寸 120×50 厘米

　　我们地球上生活着的人类虽然有不同的国家、不同的种族、不同的文化、不同的历史背景，但头顶上是同一片灿烂星空。

　　此图地面上是东方中国园林和西方欧洲小镇，分别代表东西方两大文明体系，一座小桥连接两个文明。桥上两人分别是明代科学家徐光启和利玛窦。徐光启是明末科学家，毕生致力于数学、天文、历法、水利等方面的研究。明末来华的利玛窦，是天主教在中国传教的开拓者之一，也是第一位阅读中国典籍并进行钻研的西方学者，被誉为"沟通中西文化第一人"。徐光启与利玛窦共同翻译了《几何原本》。

　　天上银河贯穿画面，左面是中国天文体系中的东方苍龙，从右到左是：角、亢、氐、房、心、尾、箕七宿。右面依次是西方星座体系的猎户座、金牛座、白羊座、双鱼座，基本上是中国的西方白虎方位。

星河騰起

星河鹭起

绘画尺寸 90×60 厘米

　　取自王安石《桂枝香》："彩舟云淡，星河鹭起。"图中大江奔流，可见银河和牛郎织女、南斗六星。

桂枝香·金陵怀古
（宋）王安石

　　登临送目，正故国晚秋，天气初肃。千里澄江似练，翠峰如簇。归帆去棹残阳里，背西风，酒旗斜矗。彩舟云淡，星河鹭起，画图难足。

　　念往昔，繁华竞逐，叹门外楼头，悲恨相续。千古凭高对此，谩嗟荣辱。六朝旧事随流水，但寒烟衰草凝绿。至今商女，时时犹唱，后庭遗曲。

星月满空江

绘画尺寸 160×60 厘米

　　取自唐代李益《水宿闻雁》："早雁忽为双，惊秋风水窗。夜长人自起，星月满空江。"
此画表现夜半时分，下弦月和球状星团倒映在江中的景色。

　　球状星团，因其外形类似球形而得名，由成千上万甚至数十万颗恒星组成，越往中心恒星
越密集，已经无法辨认单个的星点了。在我们银河系内已发现约 150 个球状星团，它们都非常古老，
有 100 多亿年的历史。

　　为了和可能存在的外星人取得联系，美国科学家曾向武仙座球状星团 M13 发送过无线电报。
只不过，若是 M13 里真有外星人，收到电报后再发回地球，我们也要几万年之后才能收到。

雪山极光

绘画尺寸 80×60 厘米

太阳是个巨大的等离子体火球，极光是由于太阳带电粒子流（太阳风）进入地球磁场，使得高层大气分子和原子激发或电离，在地球南北两极高纬度地区夜间出现的灿烂美丽的光辉。所以极光是太阳风和地球大气共同作用的现象。在地球南北两极附近，都能看到灿烂的极光。

有趣的是，极光并不是我们地球上独有的，在太阳系内，木星和土星上也发现有极光。木星和土星有强烈的磁场，也有稠厚的大气，所以也能产生极光。

雪山极光流星雨

绘画尺寸 360×110 厘米

图中雪山巍峨，幻想极光灿烂时流星雨爆发。画面中所绘星座从左至右依次是室女座、狮子座、巨蟹座、双子座。

四季星空

绘画尺寸 360×60 厘米

　　该画用全景的方式展示四季星空。地面上是山水长卷，从春天山花烂漫，到夏季草木葱茏，再到秋季满山红叶和冬季白雪皑皑。天上是一年四季的几个代表星座，从左到右依次是春季的室女座、狮子座，夏季的天鹅座、天琴座、天鹰座、天蝎座，秋季的双鱼座和飞马四边形，以及冬季的大犬座、小犬座、猎户座。

杨柳岸晓风残月

绘画尺寸 80×60 厘米

　　"今宵酒醒何处？杨柳岸，晓风残月。"
出自北宋词人柳永的《雨霖铃·寒蝉凄切》，
此图描绘春日的凌晨，残月如钩，图中可
见人马座南斗六星。

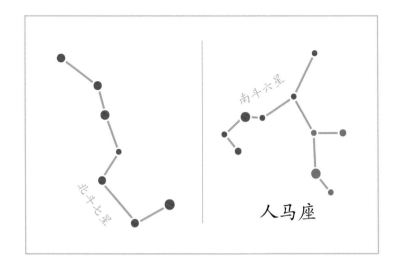

疑是银河落九天

绘画尺寸 160×90 厘米

　　"日照香炉生紫烟，遥看瀑布挂前川。飞流直下三千尺，疑是银河落九天。"这是每个中国人从小就背诵的李白名篇。

　　李白当然是白天登山仰观瀑布的，而在画面中作者试图表现诗中的天文元素：瀑布飞流直下，银河穿过三叶星云横贯夜空。

孕

绘画尺寸 80×60 厘米

　　恒星都是从星云中诞生的，星云可以看作是恒星的"母亲"。此图把婴儿画在猎
户座大星云之中，命名为"孕"。

长城星空

绘画尺寸 160×80 厘米

　　星空下的长城景色，天上画出了猎户座大星云和马头星云。

　　猎户座大星云和马头星云都位于猎户座。所不同的是猎户座大星云是个亮星云，用肉眼就可以很轻松地看到。而马头星云是个暗星云，里面含有大量的宇宙尘埃物质，被明亮的背景光衬托而显得黑暗。

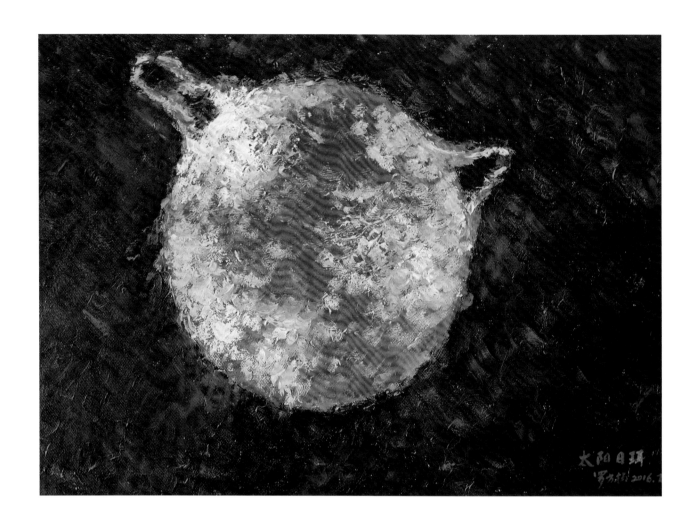

日珥

绘画尺寸 80×60 厘米

太阳由里到外可以分为日核、辐射区、对流区、光球、色球、日冕这几个部分。

我们实际看到的是太阳的光球层，光球层外面就是色球层。日珥是太阳的色球层上产生的一种强烈的太阳活动，是太阳活动的主要标志之一。当它出现在日面边缘时形状恰似贴附在太阳上的耳环，由此得名"日珥"。

天宫对接

绘画尺寸 80×60 厘米

　　2016 年 8 月我国发射了世界首颗量子科学实验卫星"墨子号"。9 月位于中国贵州平塘县莽莽群山中的 500 米射电望远镜 FAST 正式竣工。10 月神舟十一号飞船与天宫二号成功实施对接。这三项都是我国 2016 年伟大的科技成就，体现了习近平总书记所说的"广大科技工作者要把论文写在祖国的大地上，把科技成果应用在实现现代化的伟大事业中"。

　　此画正展现了这三项伟大科技成就，以祝愿祖国政通人和、科技发展、文化昌盛、经济繁荣，全面实现中华民族伟大复兴。

中国空间站

绘画尺寸 90×60 厘米

　　按中国航天规划，中国载人空间站是一个在轨组装成的具有中国特色的空间实验室系统。建造计划预计于 2020 年至 2025 年间进行。空间站轨道高度为 400—450 千米，倾角 42°—43°，设计寿命为 10 年，长期驻留 3 人，总质量可达 90 吨，可以进行较大规模的空间应用和实验。

　　此图展望空间站翱翔太空，宇航员出舱行走。

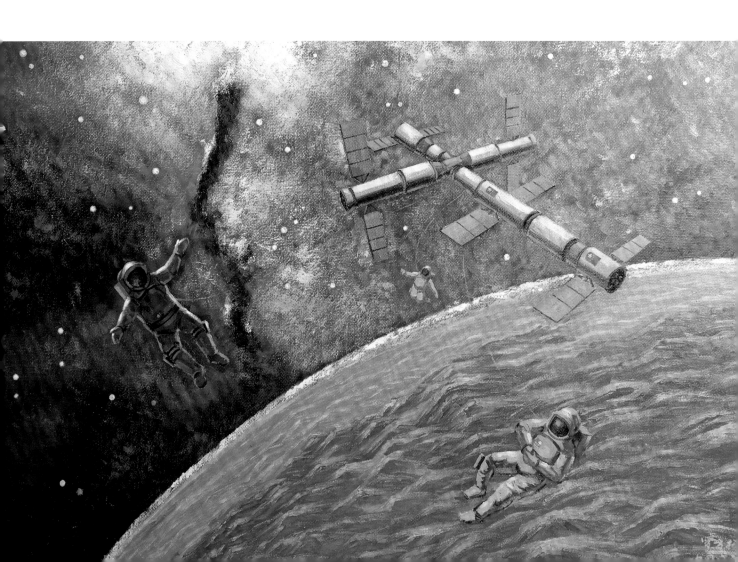

悟空巡天

绘画尺寸 90×60 厘米

　　我国于 2015 年发射的"悟空"卫星，是目前世界上观测能段范围最宽、能量分辨率最优的暗物质粒子探测卫星。

　　天文观测表明，宇宙中最重要的成分是暗物质和暗能量，暗物质占宇宙总质能的 27%，暗能量占 68%，通常所观测到的普通物质只占 5%。"悟空"上天，就是要寻找暗物质和暗能量。暗物质和暗能量是当前世界各国科学研究的热点。

　　此图表现"悟空"飞过南极上空，下面是中国的南极巡天望远镜，此望远镜曾经探测到双中子星合并产生的引力波事件的光学信号。

天基多波段空间变源监视器 SVOM

绘画尺寸 80×60 厘米

　　SVOM 卫星是中法合作的太空望远镜项目，中文名叫天基多
波段空间变源监视器，是一颗天文卫星。其主要目标是观测宇宙
中伽马射线暴的特征。卫星计划在 2021 年发射。

　　伽马射线暴是宇宙中发生的最剧烈的爆发现象，理论上是巨
大恒星在燃料耗尽时塌缩爆炸或者两颗邻近的致密天体（黑洞或
中子星）合并而产生的。伽马射线暴短至几毫秒，长则数小时，
会在短时间内释放出巨大能量。如果与太阳相比，它在几分钟内
释放的能量相当于万亿年太阳光的总和，其发射的单个光子能量
通常是典型太阳光的几十万倍。

　　此图表现卫星飞翔在南极上空，捕捉到伽马射电暴信号，海
面上雪龙号科考船正在工作，科学家在山坡上瞭望。

24 SOLAR TERMS

二十四节气

　　二十四节气是中华民族悠久历史文化的重要组成部分，凝聚着中华文明的历史文化精华。中国自古是农业社会，农耕生产与大自然的节律息息相关。二十四节气是中国上古先民顺应农时，通过观察天体运行，总结一岁（年）中时令、气候、物候等方面变化规律所形成的知识体系，同时又是中国传统文化的重要组成部分。不仅在农业生产方面起着指导作用，还影响着人们的衣食住行，甚至是文化观念。

二十四节气

　　由于地球绕太阳公转，从地球上看去，太阳每年在天球上的群星之间穿行一圈，这条轨迹就是黄道。将黄道平均分为二十四段，每隔15°就是一个节气。

　　垂直于黄道的经线称为黄经，春分点为黄经的起点。太阳自西向东沿黄道运动，从春分点开始再次经过春分点时经过的时间为一个回归年（太阳年），约365天5小时48分46秒。这比公历中人为规定的一年365天略长一些，因此节气的公历日期每年可能相差一两天。

　　二十四节气是中国古代农耕文明的产物，是每年季节变更的重要标志，对农业生产非常重要。中国的农历同时考虑了太阳和月球的运动，兼顾了年和月的周期，形成阴阳合历。

　　人们为了方便记忆，编成二十四节气歌：

　　　　春雨惊春清谷天，夏满芒夏暑相连。

　　　　秋处露秋寒霜降，冬雪雪冬小大寒。

　　　　每月两节不变更，最多相差一两天。

　　　　上半年来六廿一，下半年来八廿三。

　　2016年11月30日，二十四节气被正式列入联合国教科文组织《人类非物质文化遗产代表作名录》。

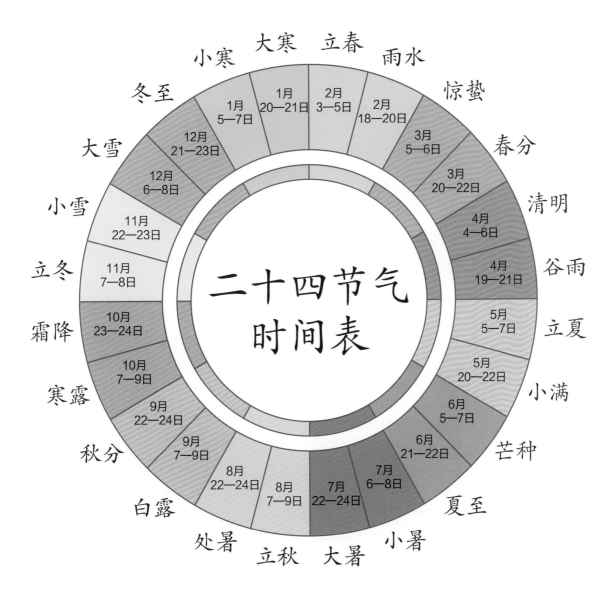

大寒
立春
小寒
雨水
冬至
惊蛰
大雪
春分
小雪
清明
立冬
谷雨
霜降
立夏
寒露
小满
秋分
芒种
白露
夏至
处暑
小暑
立秋
大暑

1月
20—21日
2月
3—5日
2月
18—20日
1月
5—7日
3月
5—6日
12月
21—23日
3月
20—22日
12月
6—8日
4月
4—6日
11月
22—23日
4月
19—21日
11月
7—8日
5月
5—7日
10月
23—24日
5月
20—22日
10月
7—9日
6月
5—7日
9月
22—24日
6月
21—22日
9月
7—9日
7月
6—8日
8月
22—24日
8月
7—9日
7月
22—24日

二十四节气
时间表

立春

绘画尺寸 60×80 厘米

立春是第一个节气。立，是"开始"之意；春，代表着温暖、生长。上古有"斗柄指向法"，以入夜后北斗七星斗柄指向寅位时为立春。现行的节气划分使用"定气法"，以太阳到达黄经315°时为立春。

立春的日期在公历的2月3—5日，是二十四节气之首，是春季的第一个节气。立春，意味着新的一个轮回已开启，乃万物起始、一切更生之义。传统民俗有立春祭、鞭春牛等活动。图中北斗七星高挂，红灯飘荡空中，地面上是传统农村景色。

雨水

绘画尺寸 60 × 80 厘米

雨水是二十四节气之第二个节气。太阳到达黄
经 330°，每年公历 2 月 18—20 日交节。雨水节气
标示着降雨开始、雨量渐增。俗话说"春雨贵如油"，
适宜的降水对农作物的生长很重要。此时我国北方
依旧寒冷，一些地方仍下雪；南方则是春意盎然，
田野青青。

图中前景红梅盛开，汉服女子执伞立于雨中。

惊蛰

绘画尺寸 60×80 厘米

　　惊蛰是二十四节气中的第三个节气。太阳到达黄经345°，于公历 3 月 5—6 日交节。惊蛰的意思是天气回暖，春雷始鸣，惊醒蛰伏于地下的昆虫。当然惊蛰这天未必打雷下雨。图中明月当空，白玉兰盛开，狮子座横贯天空。狮子座是黄道十二星座之一，是春天的代表星座。

春分

绘画尺寸 60×80 厘米

　　春分是二十四节气之第四个节气。"春分者，阴阳相半也。故昼夜均而寒暑平。"于每年公历3月20—22日交节。春分时，太阳直射点在赤道上，南北半球昼夜平分，日夜等长，在天文和气象上有重要意义。夜晚北斗七星斗柄指向东方，正是"斗柄东指，天下皆春"。春分民俗有一项是立鸡蛋，这是个风靡全世界的有趣的游戏。图中桃花盛开，65米射电望远镜直指苍穹。65米射电望远镜位于上海松江，是中国最大的可转动射电望远镜，为我国嫦娥探月工程做出了巨大贡献。

清明

绘画尺寸 60×80 厘米

　　太阳达黄经 15° 时为清明节气，交节时间在公历 4 月 5 日前后。清明节源自中国上古时代的祖先信仰与春祭礼俗，兼具自然与人文两大内涵，既是自然节气点，也是传统节日。扫墓祭祖与踏青郊游是清明节的两大礼俗主题，传承至今。清明时节正好是气候暖和、草木萌动、百花盛开的时候，处处给人以清新明朗、欣欣向荣的感觉。图中桃花盛开，北斗七星斗柄已指向东南。

临安春雨初霁

（宋）陆游

世味年来薄似纱，谁令骑马客京华？

小楼一夜听春雨，深巷明朝卖杏花。

矮纸斜行闲作草，晴窗细乳戏分茶。

素衣莫起风尘叹，犹及清明可到家。

谷雨

绘画尺寸 60×90 厘米

  谷雨是二十四节气之第六个节气，春季的最后一个节气。太阳黄经为 30°，于每年公历 4 月 19 日—21 日交节。谷雨是"雨生百谷"的意思。此刻雨水滋润，万物欣欣向荣。民俗有摘谷雨茶、赏花等传统。此画以绿色调为主，图中山川逶迤，草木繁盛，一片新绿。

立夏

绘画尺寸 60×80 厘米

立夏是二十四节气中的第七个节气，夏季的第一个节气。立夏交节时间为每年公历5月5—7日，此时太阳达黄经45°。立夏表示盛夏时节的正式开始，此后气温显著升高，炎暑将临，雷雨增多。立夏的民俗有迎夏仪式、品尝时鲜等。图中狮子座、室女座已上天空，汉服女子手举纨扇迎夏，头顶亮星为狮子座主星——轩辕十四。

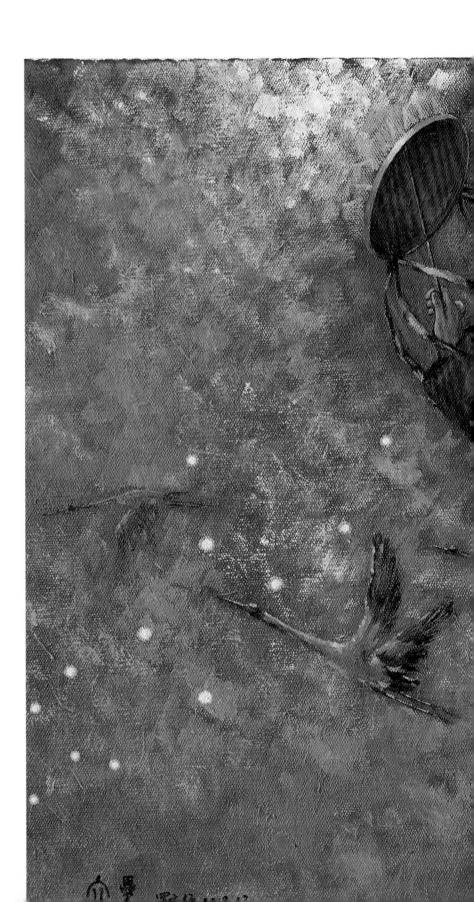

小满

绘画尺寸 60 × 80 厘米

　　小满是夏季的第二个节气。太阳达黄经 60°，于每年公历 5 月 20—22 日交节。小满反映了降雨量大的气候特征：“小满江河满”（南方），亦指北方夏熟作物的籽粒开始灌浆饱满，只是“小满”，还未“大满”。

　　相传小满为蚕神诞辰，因此江浙一带在小满节气期间有一个“祈蚕节”。我国农耕文化以“男耕女织”为典型，丝绸自古就是贵重衣料。图中小麦尚未全部变黄，银河横贯长空。

芒种

绘画尺寸 60×80 厘米

　　芒种是二十四节气之第九个节气，夏季的第三个节气，干支历午月的起始。太阳达黄经 75°，于每年公历 6 月 5—7 日交节。芒种时节气温显著升高，雨量充沛，是谷类作物耕播的节令，晚稻在这个时节该播种了。民间俗称芒种为"忙种"，即忙着播种。由于芒种时候繁花已谢，所以民俗有送花神等活动。中国自古为农业大国，农业是国民经济的基础，所以此画表现老农牵牛耕地的情景。

夏至

绘画尺寸 60×80 厘米

太阳运行至黄经 90° 时为夏至交节点，一般于公历 6 月 21—22 日交节。夏至这天，太阳直射北回归线，此时北半球各地的白昼时间达到全年最长，且纬度越高白昼越长。对于北回归线及其以北的地区来说，夏至日也是一年中正午太阳高度最高的一天。

民间有夏至吃面的传统，有"冬至馄饨夏至面"的说法，因此江南一带很多地区的人们把夏至吃面当成了很重要的习俗。图中夏季银河灿烂，天蝎人马依次升空，鹤舞云河。

小暑

绘画尺寸 60×80 厘米

　　小暑是二十四节气之第十一个节气，是夏季的第五个节气，表示盛夏正式开始。太阳到达黄经105°，于每年公历7月6—8日交节。小暑虽不是一年中最炎热的时节，但紧接着就是一年中最热的大暑。民间有"小暑大暑，上蒸下煮"之说，天气也将越发闷热和潮湿，让人无处藏身。图中表现了一丝清凉：画面中荷花盛开，银河横贯长空，天上星座分别为天琴座、天鹰座、天鹅座，共同组成夏季大三角，这是夏季星空的标志。

大暑

绘画尺寸 60×80 厘米

  大暑是夏季最后一个节气。太阳黄经为 120°，公历 7 月 22—24 日交节。大暑相对小暑，更加炎热，是一年中最热的节气。"湿热交蒸"在此时到达顶点，台风也在此时多发。在我国很多地区，经常会出现 40 摄氏度的高温天气。

  民俗有大暑三伏天饮伏茶的习俗，伏茶是由金银花、甘草等多味中草药煮成的茶水，有清凉祛暑的作用。

  图中所绘是池塘中的睡莲，夏季大三角倒影水中。

晓出净慈寺送林子方

（宋）杨万里

毕竟西湖六月中，

风光不与四时同。

接天莲叶无穷碧，

映日荷花别样红。

立秋

绘画尺寸 60×80 厘米

　　立秋是二十四节气中第十三个节气。太阳到达黄经135°，于每年公历8月7—9日交节。立秋是秋季的第一个节气，为秋季的起点。进入秋季，万物开始从生长趋向成熟。立秋并不代表酷热天气就此结束，初秋期间天气仍然很热。在立秋时，古代民间有祭祀土地神、庆祝丰收的习俗。

　　图中是中国传统天文仪器——浑仪，原件位于南京紫金山天文台，铸于明朝，是精美的科学文物。夜空中可见人马座。

处暑

绘画尺寸 60×80 厘米

处暑是二十四节气之第十四个节气。太阳黄经为 150°，于每年公历 8 月 22—24 日交节。处暑，即为"出暑"，是炎热离开的意思。处暑的到来，标志着炎热天气到了尾声，暑气渐渐消退，由炎热向凉爽过渡。但真正进入凉爽天气一般要到白露之后。

图中女子纨扇，可见星空在水面的倒影。

白露

绘画尺寸 60×80 厘米

　　白露是"二十四节气"中的第十五个节气，干支历申月的结束与酉月的起始。太阳达黄经165°，于公历9月7—9日交节。白露是一个反映自然界气温变化的重要节令，基本结束了暑天的闷热，是秋季由闷热转向凉爽的转折点。古人以四时配五行，秋属金，金色白，故以白形容秋露。太湖地区渔民会在白露时节祭祀禹王，福州地区习俗是"白露必吃龙眼"。

　　"蒹葭苍苍，白露为霜，所谓伊人，在水一方。"图中太阳刚升起，水汽朦胧，伊人临水而立。

月夜忆舍弟

（唐）杜甫

戍鼓断人行，边秋一雁声。

露从今夜白，月是故乡明。

有弟皆分散，无家问死生。

寄书长不达，况乃未休兵。

秋分

绘画尺寸 60×80 厘米

　　秋分是二十四节气中的第十六个节气，时间一般为每年的公历 9 月 22—24 日。秋分这天太阳到达黄经 180°（秋分点），阳光直射地球赤道，全球各地昼夜等长。

　　从这一天起，阳光直射位置继续由赤道向南半球推移，北半球开始昼短夜长，南半球则相反。秋分时节，我国大部分地区已经进入秋季。2018 年国务院同意将每年秋分日设立为"中国农民丰收节"。

　　图中是登封古观象台，由元代郭守敬主持建造。历代很多天文学家在此进行观测，银河划过长空，可见天蝎座、人马座。

寒露

绘画尺寸 60×80 厘米

寒露是二十四节气中的第十七个节气，属于秋季的第五个节气。太阳到达黄经195°，在每年公历10月7日—9日交节。寒露是一个反映气候变化特征的节气，寒露节气后，昼渐短、夜渐长，日照减少，热气慢慢退去，寒气渐生，昼夜的温差较大，晨晚略感丝丝寒意。从气候特点上看，寒露时节，南方秋意渐浓，气爽风凉，少雨干燥；北方广大地区已从深秋进入或即将进入冬季。

图中所画是张家界山水，草木已泛黄。

南乡子

（宋）苏轼

霜降水痕收，浅碧鳞鳞露远洲。酒力渐消风力软，飕飕。破帽多情却恋头。

佳节若为酬，但把清尊断送秋。万事到头都是梦，休休。明日黄花蝶也愁。

霜降

绘画尺寸 60×80 厘米

　　霜降是二十四节气之第十八个节气。太阳达黄经 210°，每年公历 10 月 23—24 日交节。霜降是秋季的最后一个节气，是秋季到冬季的过渡。霜降节气特点是早晚天气较冷、中午则比较热，昼夜温差大，秋燥明显。此刻阳下入地，阴气始凝。俗话讲"霜降杀百草"，霜降过后，植物渐渐失去生机，大地一片萧索。霜降不一定表示"降霜"，而是表示气温骤降、昼夜温差大。

　　霜降节气主要有赏菊、吃柿子、登高远眺、进补等风俗。图中山水、草木已是基本泛黄，天上可见初升的猎户和双子座。

立冬

绘画尺寸 60×80 厘米

立冬，太阳黄经达225°，于公历11月7—8日之间交节。立冬是季节类节气，表示自此进入了冬季，意味着风雨、干湿、光照、气温等，处于转折点上，开始从秋季向冬季气候过渡。

"寒来暑往，秋收冬藏"，万物在冬季闭藏，冬季是享受丰收、休养生息的季节。中国民间向来有立冬后滋补的习俗。在寒冷的天气中，应该多吃一些温热补益的食物。

图中菊花正好盛开，凌霜傲冷，图中视角压得很低，可见流星划过长空。

小雪

绘画尺寸 60×80 厘米

　　小雪是二十四节气中的第二十个节气。时间在每年公历 11 月 22—23 日，即太阳到达黄经 240° 时。小雪和大雪、雨水、谷雨等节气一样，都是直接反映降水的节气。

　　但节气的小雪与天气的小雪无必然联系，小雪节气未必就下雪。此时南方一般不会下雪，而北方，已进入封冻季节。

　　图中万山红遍，正是"霜叶红于二月花"的时刻，天上可见双鱼座和飞马四边形。

大雪

绘画尺寸 60×80 厘米

　　大雪是二十四节气中的第二十一个节气，更是冬季的
第三个节气。大雪，太阳到达黄经 255°，交节时间为每
年公历 12 月 6—8 日。大雪是直接反映降水的节气，节气
大雪的到来，意味着天气会越来越冷，降水量渐渐增多。
大雪节气最常见的就是降温、下雨或下雪。此刻我国南方
部分地区降雪量较小，而在北方已千里冰封。

　　图中所画是古长城上白雪皑皑，冬季象征的金牛座、
猎户座已升起，参宿四、毕宿五两颗红超巨星显得格外明亮。

冬至

绘画尺寸 60×80 厘米

冬至是"二十四节气"之第二十二个节气。太阳黄经达 270°，于每年公历 12 月 21—23 日交节。北半球白昼时间最短，太阳直射南回归线。

冬至节气，意味着开始进入寒天。时至冬至，民间便开始"数九"计算寒天了，"数九"是中国民间一种计算寒暖日期的方法。民谚云："夏至三庚入伏，冬至逢壬数九。"数九是从冬至逢壬日开始算起，每九天算一"九"，依此类推。一般"三九"是一年中最冷的时段，所谓"热在三伏，冷在三九"。当数到九个"九天"（九九八十一天），"九尽桃花开"，此时寒气已尽，天气就暖和了。

图中是位于南京东郊的紫金山天文台雪景远眺。

110

小寒

绘画尺寸 60×80 厘米

　　小寒是二十四节气中的第二十三个节气，也是冬季的第五个节气。太阳黄经为
285°，公历 1 月 5—7 日交节。

　　冷气积久而寒，小寒是天气寒冷但还没有到极点的意思。它与大寒、小暑、大暑
及处暑一样，都是表示气温冷暖变化的节气。小寒的天气特点是：天渐寒，尚未大冷。
俗话有讲："冷在三九"，由于隆冬"三九"也基本上处于该节气之内，因此有"小
寒胜大寒"之说法。

　　图中所绘为江南古典园林雪景夜色。流星划过雪景夜空，照亮湖水，天上可见仙
王座、仙后座。亭子中士人拥炉夜读。

大寒

绘画尺寸 60×80 厘米

　　大寒是二十四节气中的最后一个节气。太阳黄经为300°，公历1月20—21日交节。大寒一过，新一年的节气就再次轮回，正所谓冬去春来。这时候，人们开始忙着除旧饰新、腌制年肴、准备年货。

　　大寒同小寒一样，也是表示天气寒冷程度的节气。民谚云："小寒大寒，无风自寒。"大寒在传统节气中是极冷的时节。在我国部分地区，大寒不如小寒冷，但在大部分地区，全年最低气温仍然会出现在大寒节气内。大寒以后，立春接着到来，天气渐暖。至此地球绕太阳公转了一周，完成了一个循环。

　　图中所画是雪景江山夜色，可见猎户座、双子座、冬季大三角等冬季星空标志，近处红梅盛开。此图使用传统中国山水画构图平远法，展示一种中西结合的艺术之美。

山园小梅

（宋）林逋

众芳摇落独暄妍，占尽风情向小园。

疏影横斜水清浅，暗香浮动月黄昏。

霜禽欲下先偷眼，粉蝶如知合断魂。

幸有微吟可相狎，不须檀板共金樽。